Kai-Hendrik Fabian Oettinger

Prüfungsvorbereitung mit Hogwarts Statistik-Aufgaben. Deskriptive Übungsaufgaben mit Lösungen

GRIN Verlag

Bibliografische Information der Deutschen Nationalbibliothek:

Die Deutsche Bibliothek verzeichnet diese Publikation in der Deutschen National-
bibliografie; detaillierte bibliografische Daten sind im Internet über http://dnb.d-
nb.de/ abrufbar.

Impressum:

Copyright © 2015 GRIN Verlag GmbH
Druck und Bindung: Books on Demand GmbH, Norderstedt Germany
ISBN: 978-3-656-92024-3

Dieses Buch bei GRIN:

http://www.grin.com/de/e-book/294356/pruefungsvorbereitung-mit-hogwarts-sta-
tistik-aufgaben-deskriptive-uebungsaufgaben

GRIN - Your knowledge has value

Der GRIN Verlag publiziert seit 1998 wissenschaftliche Arbeiten von Studenten, Hochschullehrern und anderen Akademikern als eBook und gedrucktes Buch. Die Verlagswebsite www.grin.com ist die ideale Plattform zur Veröffentlichung von Hausarbeiten, Abschlussarbeiten, wissenschaftlichen Aufsätzen, Dissertationen und Fachbüchern.

Besuchen Sie uns im Internet:

http://www.grin.com/

http://www.facebook.com/grincom

http://www.twitter.com/grin_com

Hogwarts–Aufgaben
Deskriptiver Teil – Aufgaben

© Oettinger

1. Magische Merkmale

Als Harry in seinem ersten Jahr nach Hogwarts kam, flogen ihm so viele verschiedene Eindrücke zu, sodass er mehr als beeindruckt war. Um die Zeit, während Professor Dumbledore seine langweilige Willkommensrede hielt, sinnvoll zu überbrücken erstelle er einen Überblick der Merkmale, die ihn besonders interessierten:

1. die Art der Haustiere der verschiedenen Zauberer/Hexen (Ratten, Eulen, Kröten, etc.)
2. die Dauer des Unterrichts im Fach „Zaubertränke" bei Prof. Snape
3. die vier verschiedenen Häuser, in die jeder Student kommen kann (Gryffindor, Hufflepuff, Ravenclaw, Slytherin)
4. die Position in der Tabelle der Mannschaften bei der Quidditch-Meisterschaft
5. das Gewicht von Ron's Ratte
6. die Anzahl der Schüler in Hogwarts
7. die Temperatur in Hagrid's Hütte

   a) *Erläutern Sie, auf welchem Skalenniveau die oben aufgeführten Merkmale gemessen werden und erläutern sie zusätzlich, ob die Merkmale stetig oder diskret sind.*

2. Gryffindor-Power

Während ihres ersten Schuljahres hat Hermine einige Zaubersprüche lernen können. Sie ist zwar überzeugt, dass sie (wie auch in allen anderen schulischen Disziplinen) die beste ist aber dennoch will sie sich vergewissern und sammelt die Anzahl der erlernten Zaubersprüche von anderen Zauberern und schreibt diese in ihr Tagebuch:

$$4, 2, 11, 3, 9, 1, 4, 2, 6$$

   a) *Schätzen Sie das arithmetische Mittel.*
   b) *Schätzen Sie ebenfalls die Standardabweichung.*
   c) *Berechnen Sie die durchschnittliche Abweichung.*
   d) *Bestimmten Sie bitte außerdem unteres Quantil, oberes Quantil und den Median und zeichnen Sie das Boxplot.*
   e) *Stellen Sie bitte zusätzlich die Verteilungsfunktion graphisch dar.*

3. Ambitioniert zum Besensport

Für jedes Schuljahr müssen vorher wichtige Einkäufe getätigt werden und fast jeden Zauberer verschlägt es in die Winkelgasse. Ein Highlight auf der Einkaufsliste einiger sportambitionierter Schüler ist sicherlich der Kauf eines Flugbesens um beim Quidditch erfolgreich zu sein. Folgende Übersicht zeigt die Leistung des Besens und wie viele Schüler sich so ein begehrtes Objekt leisten konnten.

Leistung des Besens (in PS)	Häufigkeit
60	8
75	11
90	15
140	6

a) Bestimmen Sie die relativen Häufigkeiten, sowie die kummulierten Größen.
b) Bestimmen Sie bitte das arithmetische Mittel und den Modus.
c) Wie lautet die Standardabweichung?
d) Berechnen Sie Median, oberes und unteres Quantil.
e) Zeichnen Sie ebenfalls die empirische Verteilungsfunktion.

4. Die Wahl des Hauses

In jedem Semester kommen neue Schüler nach Hogwarts und werden dementsprechend vom sprechenden Hut auf die vier Häuser zugeteilt. Es handelt sich hierbei allerdings nicht um eine Gleichverteilung wie man sieht:

Haus	Häufigkeit
Gryffindor	110
Hufflepuff	35
Ravenclaw	30
Slytherin	80

a) Um welches Skalenniveau handelt es sich hier?
b) Bestimmen Sie die relativen Häufigkeiten, sowie die kummulierten Größen und interpretieren Sie letztere.
c) Welche Lageparameter sind hier sinnvoll?
d) Welche Zeichnung ist hier nur sinnvoll?

5. Lernzeit

Neben der Wahl des Hauses spielt ebenfalls die Zeit, welche die Schüler für die Vor- und Nachbereitung ihrer Lehrinhalte investieren, eine wichtige Rolle. Folgende Tabelle zeigt, wie viele Schüler wie viel Zeit investieren.

Investierte Zeit (in Stunden)	Häufigkeit
0-1	210
1-2	100
2-4	45
4-5	20

a) *Erweitern Sie die Tabelle um die relativen Häufigkeiten, sowie um die relativen Summenhäufigkeiten.*
b) *Berechnen Sie das arithmetische Mittel und geben Sie den Modus an.*
c) *Schätzen Sie die Varianz einschließlich der dazugehörigen Einheit.*
d) *Geben Sie Median, unteres und oberes Quantil an.*
e) *Wie viel Prozent der Schüler haben maximal 3 Stunden gelernt?*
f) *Stellen Sie die Summenhäufigkeiten graphisch dar.*
g) *Stellen Sie bitte ebenfalls die relativen Häufigkeiten graphisch dar.*

6. Statistik anstatt Zauberei

Professor Snape ist nicht sehr beliebt bei den meisten Schülern – mit Ausnahme von den Slytherins. Harry, Ron, Hermine und viele andere können ihn nicht ausstehen, was sich auch in der Anwesenheit seines Kurses „Zaubertränke" bemerkbar macht. Viele Schüler schwänzen lieber den Unterricht und genehmigen sich eine Auszeit um wichtigere bzw. spaßigere Dinge (hauptsächlich Statistik) zu machen.

Kalenderwoche	12	13	14	15
Anzahl der Schüler im Kurs „Zaubertränke"	35	31	28	24

a) *Berechnen Sie die Wachstumsfaktoren gegenüber dem Vormonat.*
b) *Mit welcher Rate sinkt die Anzahl der teilnehmenden Schüler am Kurs „Zaubertränke" im Mittel von der 12. bis zur 15. Kalenderwoche?*
c) *Man kann davon ausgehen, dass die Teilnehmerzahl in der 16. Kalenderwoche um weitere $16,\overline{6}\%$ sinken wird. Wie viele Schüler sind in der 16. Woche zu erwarten?*

7. Verflixte Einhörner

Das Fachgeschäft für jegliche Zauberstäbe in der Winkelgasse heißt „Ollivanders" und besteht seit 382 v. Chr. Der jetzige Geschäftsführer namens Mr. Ollivander ist immer engagiert im Einkauf der richtigen Komponenten für die Zauberstäbe. Besonders zu schaffen macht ihn dabei allerdings die preisliche Entwicklung des Einhornhaars, welches in vielen Zauberstäben verarbeitet wird.

Jahr	2006	2007	2008	2009
Preis pro 20g Einhornhaare	68 Galleonen	75 Galleonen	88 Galleonen	95 Galleonen
Summe der Kosten für Einhornhaare	12.410 Galleonen	12.072,38 Galleonen	16.060 Galleonen	22.538,75 Galleonen

a) Zu welchem durchschnittlichen Preis hat Mr. Ollivander die Einhornhaare über die vier Jahre eingekauft?

8. Magischer Würgereiz

Einige Tage nachdem Harry, Ron und Hermine mit dem Vielsaft-Trank experimentiert haben, hatten sie einige Probleme mit ihrem Magen. Die drei interessieren sich, ob es einen Zusammenhang zwischen der Einnahme des Tranks und den darauf folgenden Würgereizen an dem Tag danach gibt. Außerdem wurden zusätzlich noch 3 weiter Schüler gefunden und befragt, die ebenfalls mit dem Trank experimentiert haben.

Eingenommene Liter Vielsaft-Trank (x)	0,2	0,35	0,4	0,4	0,6	1,1
Anzahl der Würgreize (y)	4	6	7	8	10	13

a) Ermitteln Sie die Regressionsfunktion anhand der Methode der kleinsten Quadrate.

b) Errechnen Sie Korrelationskoeffizient und Bestimmtheitsmaß und deuten Sie diese.

c) Zeichnen Sie die Regressionsgerade, sowie das zugehörige Streuungsdiagramm.

d) Wie viele Würgreize sind mit einer Menge von 0,8 Litern Vielsaft-Trank verbunden?

e) Wie viele Liter Vielsaft-Trank sind mit einer Anzahl von 17 Würgreizen verbunden?

9. Todesser sitzen länger?

Harry's Feinde sind neben Draco Malfoy und seinen zwei Freunden die bösen Zauberer/Hexen (Todesser), wie Lord Voldemort beispielsweise. Da Harry sich neben dem Erlernen neuer Verteidigungszauber gegen die dunklen Künste nebenbei auch für statistische Analysen interessiert geht er folgender Frage nach: Gibt es einen Zusammenhang zwischen der Dauer des Aufenthaltes im Zaubereigefängnis Askaban und der Anzahl der dunklen Zaubersprüche, die eine Person beherrscht (in der Zauberei-Welt hängt die Dauer des Gefängnis-Aufenthalts von den dunkel Zaubersprüchen ab, die eine Person beherrscht).

		Dauer des Aufenthalts in Askaban (in Jahren)		
		0-5	5-8	8-20
Anzahl der beherrschten dunklen Zaubersprüche	0-1	22	3	1
	1-2	6	16	2
	2-4	1	4	25

a) Bestimmen Sie das arithmetische Mittel der beiden Merkmale.
b) Bestimmen Sie ebenfalls die Standardabweichung beider Merkmale, sowie die Kovarianz.
c) Ermitteln Sie bitte die Regressionsfunktion.
d) Errechnen Sie Korrelationskoeffizient und Bestimmtheitsmaß und deuten Sie diese.
e) Wie viele Jahre Inhaftierungszeit in Askaban sind mit einer Anzahl von 3 beherrschten dunklen Zaubersprüchen zu erwarten?

10. Quidditch

Auf dem Quidditch-Feld werden in Hogwarts die sportlichen Kämpfe ausgetragen. Draco (Slytherin) und Harry (Gryffindor) sind bekanntlich seit ihrem ersten Schuljahr verfeindet. In einer Auswertung der Siege und Niederlagen in den vergangenen Jahren hat Prof. Dumbledore eine Übersicht beider Teams erstellt:

		Haus	
		Gryffindor	Slytherin
Spiel-ergebnis	Sieg	75	68
	Niederlage	25	32

a) Ermitteln Sie bitte den χ^2-Koeffizienten.
b) Ermitteln Sie die bedingten relativen Häufigkeiten, unter der Bedingung „Slytherin".
c) Für welche Skalenniveaus kann man den χ^2-Koeffizienten ausrechnen?

11. Weasleys Wizard Wheezes

Fred und George Weasley sind wahre Geschäftsmänner und eröffneten deshalb ihren Laden „Weasleys zauberhafte Zauberscherze". Im Laufe der Zeit haben sich die Preise (angegeben in Galleonen) und Mengen der verschiedenen Produkte allerdings etwas verändert, wie folgende Übersicht zeigt:

	2009		2010		2011	
	p_0	q_0	p_t	q_t	p_t	q_t
Würgzungen–Toffes	3	5	3	7	3,50	6
Juxzauberstab	5	2	5,50	2	5,80	4
Wildfeurige Wunderknaller	2	3	2,20	3	3	2
Liebestrank	10	2	11	2	14	4

a) Berechnen Sie die Preis- und Mengenindices nach Laspeyres und Paasche von 2011 zur Basisperiode 2009.
b) Berechnen Sie den zugehörigen Preis- und Mengenindex nach Fisher.
c) Berechnen Sie zusätzlich den Wertindex von 2010 zur Basisperiode 2009.

12. Fleißige Schüler?

Da jeder in Hogwarts weiß, dass Hermine eine Überfliegerin/Streberin ist, hat sie auch bis zum 4. Schuljahr die meisten Zaubersprüche gelernt (31 insgesamt). Wie sieht es bei anderen Schulkameraden aus?

Hermine Granger – 31
Ronald Weasley – 11
Draco Malfoy – 19
Cedric Diggory – 21
Cho Chang – 12
Harry Potter – 24
Neville Longbottom – 3

a) Zeichnen Sie die Lorenzkurve und ermitteln Sie den zugehörigen Gini-Koeffizienten.
b) Welche Aussage ist allgemein mit dem Gini-Koeffizienten verbunden?

13. Konkurrenz für Zauberstäbe

Mr. Ollivander ist natürlich nicht der einzige, aber traditionsmäßig sicherlich der erfolgreichste, Händler für Zauberstäbe. Dennoch herrscht starke und hartnäckige Konkurrenz, die man nicht unterschätzen sollte.

Anbieter von Zauberstäben	Umsatz für das Geschäftssegment „Zauberstäbe" (in Mio. Galleonen)
Emeric Cornerwell Wands	24
Dylan Ridgebit – Expert for Wizard Equipment	17
Ollivanders	87
Faboulous Wands by Antioch Prescott	32
Underwoods Magical Stuff	14

a) Berechnen Sie die Konzentrationsraten 1, 2 und 3.
b) Berechnen Sie ebenfalls den Herfindahl-Index und erklären Sie die Aussage dieser Kennzahl.

14. Hagrid's kommerzielle Veranlagung

Hagrid züchtet heimlich Drachenbabys in seiner Hütte um diese neben seiner Tätigkeit als Hüter der Schlüssel und Länderein von Hogwarts zu verkaufen. Sein Umsatz hat sich in den letzten Jahren folgendermaßen entwickelt:

Jahr	2004	2005	2006	2007	2008	2009
Umsatz (in Galleonen)	8.000	9.000	12.000	15.500	13.400	18.600

a) Ermitteln Sie den Durchschnitt der gesamten Jahre.
b) Ermitteln Sie alle gleitenden Durchschnitte 3. und 4. Ordnung.
c) Ermitteln Sie ebenfalls die gleitenden Durchschnitte 5. Ordnung.
d) Ermitteln Sie bitte ebenfalls die lineare Trendgerade.
e) Berechnen Sie zusätzlich den Korrelationskoeffizienten.
f) Zeichnen Sie Regressionsgerade und Datenpunkte im Koordinatensystem.
g) Welches Jahr ist mit einem Umsatz von 35656,62 Galleonen verbunden?
h) Mit welchem Umsatz kann Hagrid im Jahr 2011 rechnen?

Hogwarts-Aufgaben
Deskriptiver Teil – Lösungen

1. Lösung – Magische Merkmale (Thema: Grundlagen)

1. die Art der Haustiere der verschiedenen Zauberer/Hexen (Ratten, Eulen, Kröten, etc.)
   - diskret
   - Nominalskala (nicht messbar, keine Reihenfolge möglich)

2. die Dauer des Unterrichts im Fach „Zaubertränke" bei Prof. Snape
   - stetig
   - Verhältnisskala (natürlicher Nullpunkt, keine natürlich Einheit)

3. die vier verschiedenen Häuser, in die jeder Student kommen kann (Gryffindor, Hufflepuff, Ravenclaw, Slytherin)
   - diskret
   - Nominalskala (nicht messbar, keine Reihenfolge möglich)

4. die Position in der Tabelle der Mannschaften bei der Quidditch-Meisterschaft
   - diskret
   - Ordinalskala (nicht messbar, Reihenfolge möglich)

5. das Gewicht von Ron's Ratte
   - stetig
   - Verhältnisskala (natürlicher Nullpunkt, keine natürliche Einheit)

6. die Anzahl der Schüler in Hogwarts
   - diskret
   - Absolutskala (natürlicher Nullpunkt, natürlich Einheit)

7. die Temperatur in Hagrid's Hütte
   - stetig
   - Intervallskala (kein natürlicher Nullpunkt, keine natürliche Einheit)

2. Lösung – Gryffindor–Power (Thema: Urdaten)

Zunächst sollten die Daten in eine geordnete Reihenfolge gebracht werden:
$$1, 2, 2, 3, 4, 4, 6, 9, 11$$

a) $\bar{x} = \frac{1}{9} \cdot (1 + 2 + 2 + 3 + 4 + 4 + 6 + 9 + 11) = 4{,}67$

b) $s_x^2 = \frac{1}{9} \cdot (1^2 + 2^2 + 2^2 + 3^2 + 4^2 + 4^2 + 6^2 + 9^2 + 11^2) - 4{,}67^2 = 10{,}22$
   $s_x = 3{,}197$

c) $d_{\bar{x}} = \frac{1}{9} \cdot (|1 - 4{,}67| + |2 - 4{,}67| + |2 - 4{,}67| + |3 - 4{,}67| + |4 - 4{,}67| + |4 - 4{,}67| + |6 - 4{,}67| + |9 - 4{,}67| + |11 - 4{,}67|) = 2{,}67$

d) $\tilde{x}_{0,25} = 9 \cdot 0{,}25 = 2{,}25 \rightarrow 3.\,Wert \rightarrow 2$
   $\tilde{x}_{0,5} = 9 \cdot 0{,}5 = 4{,}5 \rightarrow 5.\,Wert \rightarrow 4$
   $\tilde{x}_{0,75} = 9 \cdot 0{,}75 = 6{,}75 \rightarrow 7.\,Wert \rightarrow 6$

e) Darstellung als Treppenfunktion.

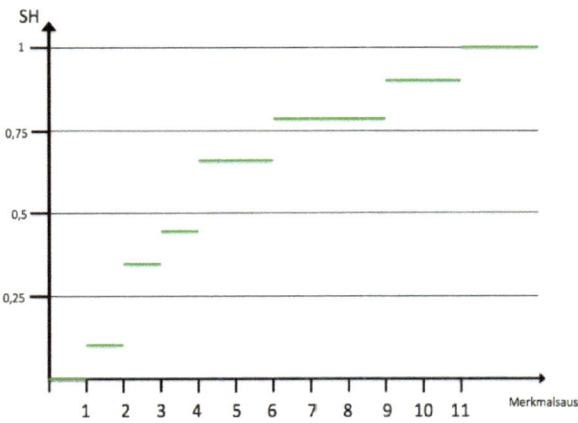

3. Lösung – Ambitioniert zum Besensport (Thema: tabellierte Daten)

a) Darstellung in Tabellenform.

a_j	h_j	r_j	$F_n(x)$
60	8	0,2	0,2
75	11	0,275	0,475
90	15	0,375	0,85
140	6	0,15	1
	40=n		

b) $\bar{x} = \frac{1}{40} \cdot (60 \cdot 8 + 75 \cdot 11 + 90 \cdot 15 + 140 \cdot 6) = 87,38$

$x_M = 90$

c) $s^2 = \frac{1}{40} \cdot (60^2 \cdot 8 + 75^2 \cdot 11 + 90^2 \cdot 15 + 140^2 \cdot 6) - 87,38^2 = 609,11$

$s = 24,68$

d) $\tilde{x}_{0,25} = 75$

$\tilde{x}_{0,5} = 90$

$\tilde{x}_{0,75} = 90$

e) Darstellung als Treppenfunktion.

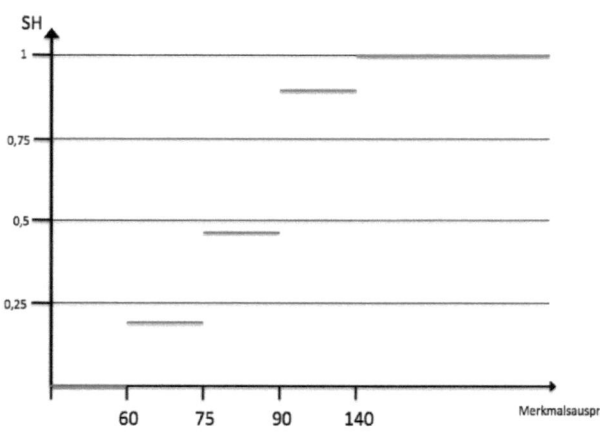

4. Lösung – Die Wahl des Hauses (Thema: tabellierte Daten)

a) Es handelt sich bei diesem Merkmal um eine Nominalskala, da man das Merkmal nicht messen kann und keine Reihenfolge möglich ist (man kann nicht sagen, dass Ravenclaw besser als Hufflepuff ist bspw.)

b) Darstellung in Tabellenform.

a_j	h_j	r_j	$F_n(x)$
Gryffindor	110	0,2933	0,2933
Hufflepuff	95	0,2533	0,5466
Ravenclaw	90	0,24	0,7866
Slytherin	80	0,2133	1
	375=n		

Die kumulierten Größen/Summenhäufigkeiten haben in diesem Fall keine Aussage, da es sich um nominalskalierte Merkmale handelt und deshalb keine Reihenfolge möglich ist (die verschiedenen Häuser sind nur willkürlich in der obigen Reihenfolge, es könnte genau so gut Hufflepuff oder Slytherin ganz oben stehen). Deshalb haben die Summenhäufigkeiten keine Aussagekraft.

c) bei nominalskalierten Daten kann kein arithmetisches Mittel und keine Standardabweichung berechnet werden. Außerdem haben die Lageparameter Median, oberes und unteres Quantil ebenfalls keine Aussage, da diese mit den Summenhäufigkeiten zusammenhängen und diese ja ebenfalls sinnlos sind. Hier macht es nur Sinn, den Modus zu bestimmen und dieser liegt bei „Gryffindor".

d) Da die Summenhäufigkeiten keinen Sinn ergeben ist es unnötig, die Treppendarstellung als Zeichnung zu wählen. Hier würde nur die Zeichnung der relativen Häufigkeiten sinnvoll sein.

5. Lösung – Lernzeit (Thema: klassierte Daten)

a) Darstellung in Tabellenform.

a_j	h_j	r_j	$F_n(x)$
0-1	210	0,56	0,56
1-2	100	0,266	0,8266
2-4	45	0,12	0,9466
4-5	20	0,0533	1
	375=n		

b) $\bar{x} = \frac{1}{375} \cdot (0,5 \cdot 210 + 1,5 \cdot 100 + 3 \cdot 45 + 4,5 \cdot 20) = 1,28$

$x_M = 0,5$

c) $s^2 = \frac{1}{375} \cdot (0,5^2 \cdot 210 + 1,5^2 \cdot 100 + 3^2 \cdot 45 + 4,5^2 \cdot 20) - 1,28^2 =$
1,26 $Stunden^2$

d) $\tilde{x}_{0,25} = 0 + \frac{0,25 - 0}{0,56} \cdot 1 = 0,4464$

$\tilde{x}_{0,50} = 0 + \frac{0,50 - 0}{0,56} \cdot 1 = 0,8929$

$\tilde{x}_{0,75} = 1 + \frac{0,75 - 0,56}{0,266} \cdot 1 = 1,713$

e) Bei dieser Art von Fragestellung geht es darum, die Median-/Quantilformel umzustellen. Der Wert 3 liegt mitten in der Klasse „2-4" und man kann deshalb nicht genau sagen, wie viel Prozent dieser Verteilung bei 3 erreicht werden.

$\tilde{x} = Klassenanfang + \frac{q - Summenhäufigkeit\ des\ Klassenanfangs}{relative\ Häufigkeit}$
$\cdot Klassenbreite$

Da wir wissen, dass „3" in der Klasse „2-4" liegt, beziehen wir uns auch auf diese Klasse und setzen die entsprechenden Werte ein.

$3 = 2 + \frac{q - 0,8266}{0,12} \cdot 2$

Auflösen nach q ergibt einen Wert von 0,8866. 88,66% der Schüler haben maximal 3 Stunden für das Lernen investiert.

f) Darstellung als Treppenfunktion.

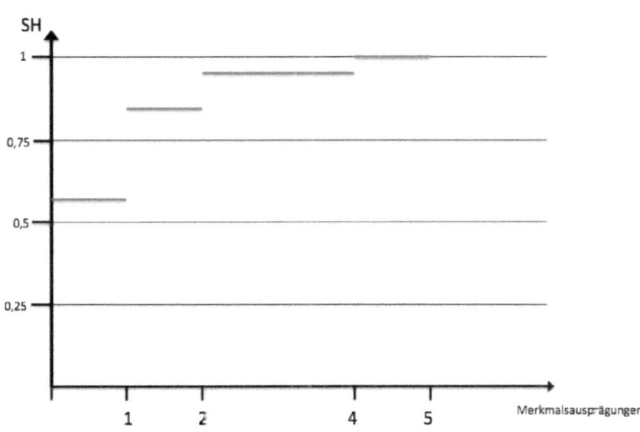

g) Die relativen Häufigkeiten müssen bei klassierten Daten immer als Histogramm dargestellt werden. Dafür muss zunächst die Dichte einer jeden Klasse bestimmt werden ($\frac{r(x)}{Klassenbreite} = Dichte$).

a_j	h_j	r_j	$F_n(x)$	Dichte
0-1	210	0,56	0,56	0,56
1-2	100	0,266	0,826	0,266
2-4	45	0,12	0,946	0,06
4-5	20	0,0533	1	0,0533
	375=n			

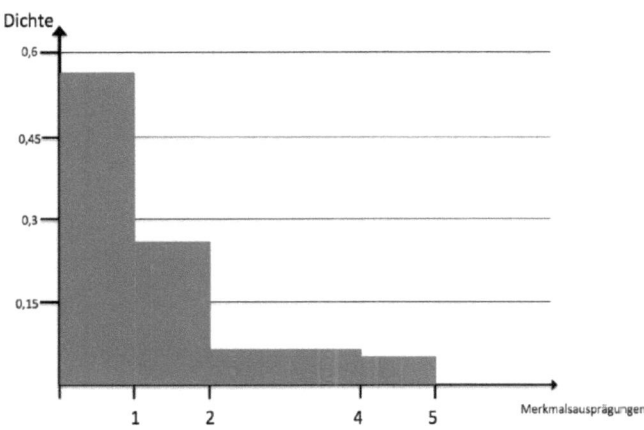

6. Lösung – Statistik anstatt Zauberei (Thema: geometrisches Mittel)

a)

Kalenderwoche	12	13	14	15
Anzahl der Schüler im Kurs „Zaubertränke"	35	31	28	24
Wachstumsfaktoren		0,8857	0,9032	0,8571

b) $\bar{x}_g = \sqrt[3]{0,8857 \cdot 0,9032 \cdot 0,8571} = 0,8818$

Die Anzahl der Teilnehmer in dem Kurs Zaubertränke sinkt von der 12. bis zur 15. Kalenderwoche im Mittel um 11,82%

c) In der 15. Woche sind nur noch 24 Schüler bei Snapes Unterricht anwesend. Wenn in der 16. Woche ein Rückgang von $16,\bar{6}\%$ erwartet wird, muss 24 mit 0,833 multiplizieren werden um den von 20 zu erhalten. Also kann Professor Snape in der 16. Woche nur noch mit 20 Schüler rechnen.

7. Lösung – Verflixte Einhörner (Thema: harmonisches Mittel)

a) $\bar{x}_h = \dfrac{12410+12072{,}38+16060+22538{,}75}{\frac{12410}{68}+\frac{12072{,}38}{75}+\frac{16060}{88}+\frac{22538{,}75}{95}} = 82{,}65\ Galleonen/20g\ Einhornhaare$

8. Lösung – Magischer Würgereiz (Thema: lineare Regression)

a)

$\bar{x}$	0,50833
$\bar{y}$	8
s_x^2	0,0837
s_y^2	8,33
s_x	0,2893
s_y	2,8868
s_{xy}	0,80
b	9,560
a	3,1402
$\hat{y} = 3,1402 + 9,56x$	

b) $r_{xy} = \dfrac{0,8}{0,2893 \cdot 2,89} = 0,9568$

$B = 0,9156$

Der Korrelationskoeffizient von 0,9568 sagt aus, dass zwischen den beiden Merkmalen ein hoher Zusammenhang herrscht. Dies bedeutet, dass es eine geringe Streuung gibt. Außerdem kann man noch sehen, dass die Gerade eine positive Steigung hat, da der Korrelationskoeffizient positiv ist.

Das Bestimmtheitsmaß von 0,9156 sagt aus, dass 91,56% der Schwankung von y durch x erklärt werden können.

c)

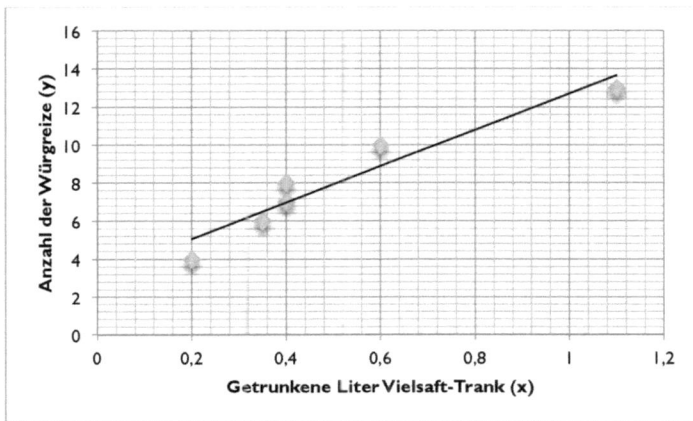

d) $\hat{y}(0,8) = 3,1402 + 9,56 \cdot 0,8$
   $\hat{y}(0,8) = 10,79$

   Mit einer Menge von 0,8 Litern Vielsaft-Trank ist eine Anzahl von 10,79 Würgreizen verbunden.

e) $\hat{y} = 3,1402 + 9,56x$
   $17 = 3,1402 + 9,56x$

   Auflösen nach x ergibt einen Wert von 1,45.
   Mit einer Anzahl von 17 Würgreizen sind 1,45 Liter Vielsaft-Trank verbunden.

9. Lösung – Todesser sitzen länger? (Thema: Kontingenztabelle)

a) Die Dauer des Aufenthalts in Askaban ist von der Anzahl der beherrschten dunklen Zaubersprüche abhängig. Also: Dauer des Aufenthalts in Askaban = y ; Anzahl der beherrschten dunklen Zaubersprüche = x.

$$\bar{x} = \frac{1}{80} \cdot (0{,}5 \cdot 26 + 1{,}5 \cdot 24 + 3 \cdot 30) = 1{,}74$$

$$\bar{y} = \frac{1}{80} \cdot (2{,}5 \cdot 29 + 6{,}5 \cdot 23 + 14 \cdot 28) = 7{,}68$$

b) $s_x^2 = \frac{1}{80} \cdot (0{,}5^2 \cdot 26 + 1{,}5^2 \cdot 24 + 3^2 \cdot 30) - 1{,}74^2 = 1{,}10$

$s_y^2 = \frac{1}{80} \cdot (2{,}5^2 \cdot 29 + 6{,}5^2 \cdot 23 + 14^2 \cdot 28) - 7{,}68^2 = 24{,}03$

$s_x = 1{,}0505$

$s_y = 4{,}90$

$s_{xy} = 4{,}14$

c) $b = \frac{4{,}14}{1{,}10} = 3{,}7633$

$a = 7{,}68 - 3{,}7633 \cdot 1{,}74 = 1{,}132$

$\hat{y} = 1{,}132 + 3{,}7633x$

d) $r_{xy} = 0{,}8043$

$B = 0{,}6469$

Der Korrelationskoeffizient von 0,8043 spricht für einen relativ hohen Zusammenhang. Dies bedeutet ebenfalls, dass sich die Datenpunkte relativ nah an der Regressionsgerade befinden und es eine relativ geringe Streuung gibt. Außerdem erfährt man, dass die Regressionsgerade eine positive Steigung hat.

Das Bestimmtheitsmaß von 0,6469 bedeutet, dass 64,69% der Schwankung von y durch die unabhängige Variable x erklärt werden können. Der Rest ist Zufall oder anders zu erklären.

e) $\hat{y}(3) = 1{,}132 + 3{,}7633 \cdot 3 = 12{,}42$

Mit einer Anzahl von 3 beherrschten dunklen Zaubersprüchen sind 12,42 Jahre Aufenthalt in Askaban verbunden.

© Oettinger

10. Lösung – Quidditch (Thema: χ^2-Koeffizient)

a) $\chi^2 = \frac{200 \cdot (75 \cdot 32 - 63 \cdot 25)^2}{100 \cdot 100 \cdot 57 \cdot 143} = 1{,}2023$

b) $r(Sieg|Slytherin) = \frac{68}{100} = 0{,}68$; $r(Niederlage|Syltherin) = \frac{32}{100} = 0{,}32$

c) Der χ^2-Koeffizient kann für jedes Skalenniveau errechnet werden.

11. Lösung – Weasleys Wizard Wheezes (Thema: Indices)

a) $P_L = \dfrac{66{,}1}{51} = 1{,}2961 \rightarrow Preissteigerung\ um\ 29{,}61\%$

$P_P = \dfrac{106{,}2}{82} = 1{,}2951 \rightarrow Preissteigerung\ um\ 29{,}51\%$

$M_L = \dfrac{82}{51} = 1{,}6078 \rightarrow Mengensteigerung\ um\ 60{,}78\%$

$M_P = \dfrac{106{,}2}{66{,}1} = 1{,}6067 \rightarrow Mengensteigerung\ um\ 60{,}67\%$

b) $P_F = \sqrt{1{,}2961 \cdot 1{,}2951} = 1{,}2956$

$M_F = \sqrt{1{,}6078 \cdot 1{,}6067} = 1{,}6072$

c) $WI = \dfrac{60{,}6}{51} = 1{,}1882 \rightarrow Wertsteigerung\ um\ 18{,}82\%$

12. Lösung – Fleißige Schüler? (Thema: Konzentration)

a)

Merkmalsträger	h_j	r_j	$F_n(x)$
NL	3	0,0248	0,0248
RW	11	0,0909	0,1157
CC	12	0,0992	0,2149
DM	19	0,1570	0,3719
CD	21	0,1736	0,5455
HP	24	0,1983	0,7438
HG	31	0,2562	1
7=n	121		

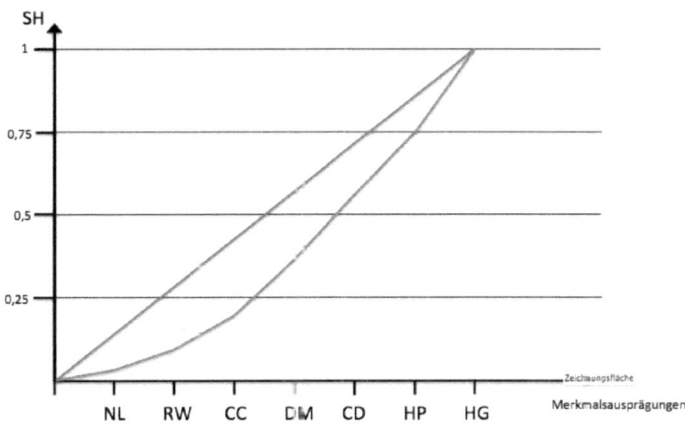

$$G = \frac{1}{7} \cdot \left(7 - 1 - 2 \cdot (0,0248 + 0,1157 + 0,2149 + 0,3719 + 0,5455 + 0,7439)\right)$$
$$= 0,2810$$

b) Der Gini-Koeffizient ist ein Maß für Ungleichheit und drückt somit aus, inwieweit ein bestimmtes Merkmal gleich- bzw. ungleich verteilt ist unter mehreren Merkmalsträgern. Einen Gini-Koeffizienten alleine kann man nicht deuten.

13. Lösung – Konkurrenz für Zauberstäbe (Thema: Konzentration)

a) Bei dieser Art von Aufgabe ist es vorteilhaft, die Merkmalsträger in eine Reihenfolge von groß nach klein zu bringen.

Anbieter von Zauberstäben	Umsatz für das Geschäftssegment „Zauberstäbe" (in Mio. Galleonen) (a_j)	r_j	$F_n(x)$
Ollivanders	87	0,5	0,5
Faboulous Wands by Antioch Prescott	32	0,1839	0,6839
Emeric Cornerwell Wands	24	0,1379	0,8218
Dylan Ridgebit – Expert for Wizard Equipment	17	0,0977	0,9195
Underwoods Magical Stuff	14	0,0804	1
	174		

$$KR_1 = 0,5 \rightarrow 50\%$$
$$KR_2 = 0,6839 \rightarrow 68,39\%$$
$$KR_3 = 0,8212 \rightarrow 82,12\%$$

b) $H = 0,5^2 + 0,1839^2 + 0,1379^2 + 0,0977^2 + 0,0804^2 = 0,3188$

Ein Herfindahl-Index gibt an, wie stark ein Markt konzentriert ist. Der Index kann sich nur zwischen 0 und 1 bewegen. Je näher dieser Wert an 1 liegt, desto stärker ist der Markt konzentriert (es entfällt viel Umsatz auf wenige Anbieter).

14. Lösung – Hagrid's kommerzielle Veranlagung (Thema: Zeitreihenanalyse)

a) $\bar{x} = \frac{1}{6} \cdot (8000 + 9000 + 12000 + 15500 + 13400 + 18600) = 12750$

b)

Jahr	2004	2005	2006	2007	2008	2009
Umsatz (in Galleonen)	8.000	9.000	12.000	15.500	13.400	18.600
3. Ordnung		9666,66	12166,66	13633,33	15833,33	
4. Ordnung			11800	13675		

c)

Jahr	2004	2005	2006	2007	2008	2009
5. Ordnung			11580	13700		

d) Als erstes müssen die be den Merkmale benannt werden. Dabei muss man sich bewusst machen, was die abhängige und unabhängige Variable ist. Hier kann man sich merken: wenn nach einer „linearen Trendgerade" gefragt wird, handelt es sich um einen Zusammenhang mit der Zeit (t), welche immer die unabhängige Variable darstellt. Demnach handelt es sich um die Merkmale t=Jahre und x=Umsatz in Galleonen.

$\bar{t}$	2006,5
$\bar{x}$	12750
s_t^2	2,9166
s_x^2	13.232.500
s_t	1,7078
s_x	3637,65
s_{tx}	5808,33
b	1991,88
a	-3.983.957,22
$\hat{x}_t = -3983957,22 + 1991,88t$	

e) $r_{tx} = \frac{5808,33}{1,7078 \cdot 3638,65} = 0,9349$

f)

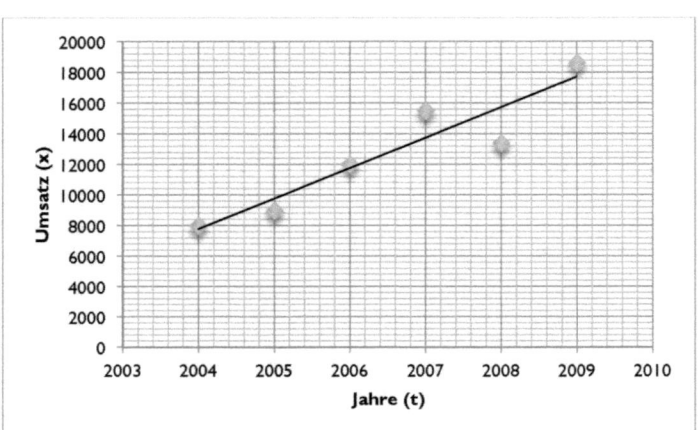

g) Regressionsfunktion nach t auflösen:

$$35656{,}62 = -3983957{,}22 + 1991{,}88t$$

Auflösen nach t ergibt:

$$t = 2018$$

Mit einem Umsatz von 35656,62 Galleonen ist das Jahr 2018 verbunden. Hagrid kann also in diesem Jahr mit dem oben erwähnten Umsatz rechnen.

h) Den Wert 2011 für t in die Regressionsfunktion einsetzen:

$$\hat{x}_t(2011) = -3983957{,}22 + 1991{,}88 \cdot 2011 = 21713{,}46$$

Hagrid kann im Jahr 2011 mit einem Umsatz von 21713,46 Galleonen rechnen.